父母离去前你要做的55件事

[日]尽孝执行委员会 ◎ 编著
朱波 ◎ 译

北京大学出版社
PEKING UNIVERSITY PRESS

父母离去前你要做的 件事

目 录

前 言 / 006

1. 花不出去的捶背券 / 001
2. 记录爱 / 004
3. 那些儿时最珍爱的礼物 / 006
4. 为他们做饭 / 009
5. 教妈妈发短信 / 012
6. 让我为你洗澡 / 014
7. 抱上外孙 / 017
8. 带他们出国旅游 / 021
9. 记下自己最喜欢他们的地方 / 026
10. 说还是不说 / 029
11. 学会家传菜 / 033
12. 定期举办家庭聚会 / 036
13. 问问他们的初恋故事 / 039
14. 回忆和他们吵些什么 / 042

Contents

15 记得照全家福 / 045

16 和爸爸出去喝一杯 / 049

17 在自己生日那天送他们礼物 / 052

18 陪他们旧地重游 / 055

19 吃光妈妈做的菜 / 059

20 投接球练习 / 062

21 用手机拍下他们 / 064

22 挽着爸爸的胳膊 / 067

23 和妈妈逛街 / 070

24 和他们一起看相册 / 073

25 问问他们的梦想 / 077

26 和妈妈煲电话粥 / 080

27 把他们的照片做成台历 / 083

28 算算花在自己身上的钱 / 086

29 探询他们成为父母之前的人生 / 088

30 问问自己会说的第一句话 / 091

31 记得他们的结婚纪念日 / 095

32 打听自己出生时的故事 / 099

33 买回他们最为珍视的东西 / 103

34 问问他们相识的趣事 / 107

35 把他们的生日写在最容易看到的地方 / 112

36 问问他们的烦恼 / 115

37 问问第一次挨打的故事 / 119

38 向他们求助工作上的疑难 / 123

39 用有意义的钱请他们吃饭 / 127

40 为他们定制衣服 / 131

41 每年带他们做一次全面体检 / 135

42 问问他们曾经担心过自己的事 / 139

Contents

43 跟他们一起享受爱好 / 143
44 写信感谢他们 / 146
45 带妈妈去听音乐会 / 149
46 带他们去迪士尼乐园 / 153
47 一起做年饭 / 157
48 问问自己名字的由来 / 161
49 和他们一起大扫除 / 165
50 为他们拍DV / 169
51 鼓励他们完成心愿 / 172
52 为他们理发 / 175
53 给孩子写下他们的名字 / 178
54 不要高估他们的承受力 / 180
55 回家 / 183

前言

父母离去前你要做的55件事

人的寿命越来越长。

就平均寿命高居世界第一的日本而言,男性为79岁,女性为86岁。世界各地的情况也是如此,只要没有大的战争,大的灾荒,人的平均寿命总是会增长。

这就意味着为人父母的时间会越来越长。

然而,长寿的父母与子女在一起的时间是不是越来越长,就不好说了。现代人总是在为工作奔波劳碌,许多人离家在外寻求发展,没有和父母生活在一起。父母在,为人子女的便心里存着一座山,感觉总是在那里,即使只是不算远的距离,我们也觉得没有那么着急,今天不去看他们,明天可以去。我们不妨来算算看,即使父母都健康地活着,我们实际上还能剩下多少时间可以和他们毫无杂念地在一起,踏踏实实地相处?

我们拿和父母分开居住的情况来测算。

整整一年里,能和父母见面的时间只有正月里短短的6天假期(总有一天要在路上奔波吧),这样一算,还能剩下多少日子?说是6天,一天中能与父母相处的时间,恐怕连一半都不到。你可以往多了算,按照11个小时计算一下。假使你的父母现在60岁了,假设他们健康地活到80岁,我们可以得出这样的算式:

20年	×	6天	×	11小时	=1320小时
父母余下的寿命		每年见到父母的天数		每天相处的时间	

你和父母相处的日子仅仅剩下1320小时,换算成天数,只有55天!

就算每次长假你都回家探亲,你和父母在一起的时间竟然还不足两个月!当数字摆在你眼前时,你是不是无言以对?

总有一天,父母会离我们而去。

大部分人都明白这个道理,却一直让自己沉浸在日日夜夜的忙碌之中,不知道是否应该事先考虑这件事,一直逃避到今天。

然后有一天,他们终于面对"父母辞世"这一事实,才开始思念起再也不能多看一眼的父母,这一幕在现实中不知重演了多少次。

很多失去父母的人都说：" 仔细回想起来，自从长大以后，和父母聊天的时间真的是太少了，他们突然辞世的时候，心中就像被凿开了一个大洞，怎么填也填补不好。多少年过去了，这种深藏在心中的悲哀却怎么也抹不去。"

" 真后悔为什么没有多拿出时间来陪陪父母，总是感叹有后不完的悔。父母对于我们来说究竟意味着什么呢？被这种烦恼缠绕了很久很久。"

为什么会变成这样呢？父母总有一天会辞世，而在日常生活中却很少有人意识到这件事。

刚刚想着 " 反正想见就能见到，有什么想说的见面的时候说好了"，父母却突然辞世，这时才第一次了解到，那个你想对他说话的亲人，已经永远地离开了自己。

也曾想过，总有一天我们会做不少事情来孝敬父母，但实际上却任由时间一天天流逝，直到父母辞世的那一天，发现自己居然连一件事也没有做过。

我们实在不想看到这一幕再发生，于是就有了这本书的诞生。

如何在有限的时间里，与你最爱的父母共度有意义的时光？思索着这个问题，我们编辑部的有志之士，从各处搜集了一些相关的故事。

在搜集过程中，不少人告诉我们，"我曾经为父母做过这样的事"，"我很后悔没有为父母做那样的事"，这些故事一篇篇地走进我们的编辑部，让成员们低头落泪，深受感动……

还有一些故事让人倍感温暖，让人看到了以往没有想到的，让人含着泪笑出来。在这些精心搜集的故事里，都能找到一个个隐藏着的小机关，摁下它们就重新加深了父母与子女间的感情。

这些故事汇集起来，就变成了摆在你面前的这本书，它是我们送给世上所有人的警示录。

也许我们还年轻，还有几十年的时间跟父母相处；也许剩下的时间已经不多了，但现在行动也不晚。先让自己带着从头开始的心态，从这 55 件小事做起，来珍惜和他们——这个世界上最爱我们的人、最害怕我们受到伤害的人、最想看到我们的脸和听到我们的声音的人——相处的时间。

你觉得怎么样？

1

花不出去的捶背券

去年父亲去世了，办完葬礼后我开始整理他的遗物。

从父亲书桌的抽屉里，翻出几张放旧了的纸。裁成纸币大小的纸上，用铅笔歪歪扭扭地写着"捶背券"。

这应该是我上小学一二年级时送给父亲的"捶背券"。记得学校里留了个作业，题目是《做一件让父母高兴的事》，当时我就制作了这个"捶背券"送给父亲。

在我的记忆里，父亲好像从来没有用过。时隔多年，我也早已忘了这些纸的存在。而父亲竟然一直整整齐齐地把它们放在抽屉里，保存得完好无损。

当时我为什么会想到送父亲"捶背券"呢？实在是想不起来了。我既不记得父亲曾叫我帮他捶过背，好像也从来没有见过母亲帮父亲捶过背。

我拿着这些"捶背券"给母亲看，说我整理出了一件稀奇的东西。母亲看着它们告诉我，当时父亲拿到我送给他的这些纸，高兴得不得了，却一次也不见他拿出来用。母亲曾问过他为什么不用，父亲只说了几个字："舍不得。"

听着母亲叙述这些从来没想到的事，我突然间胸口发紧。

自从我成人以来，就跟父母分开居住，回家的次数是越来越少。在我心目中，父亲是一个老古董，所以心理上一直跟他保持着距离。

现在我突然觉得，要是能为他捶捶背该有多好啊，哪怕只有一次。

子欲养而亲不待。想尽孝道的时候，父母早已不在人世，果真如此。

看着已经有些褪色的"捶背券"，眼前闪现出父亲的笑脸，我的泪水不禁打到那些歪歪扭扭的铅笔字上，眼前的字迹逐渐变得模糊起来。

36岁 · 男性

2 记录爱

我女儿出生 6 个月后，有一天夜里突然发起了高烧。深夜里，我忧心如焚地抱着女儿赶往医院看急诊。诊断后医生说，孩子只不过得了点小感冒，这时我提起的心突然放了下去，全身也一下子变得没了力气。

后来回娘家，我跟妈妈讲起这件事，妈妈安慰我说："可不是嘛，做父母的就是辛苦。你小的时候也常常生病呢。"她一边说着，一边拿出了一本旧旧的《母子保健手册》。

我翻到手册的"看病记录"这一栏，发现一篇篇密密麻麻地写满了字迹，一个空行也没有。

听妈妈说，我得哮喘发病时，妈妈还曾抱着我在深夜漆黑的小路上奔跑过。

《母子保健手册》里的边边角角，都留下了妈妈"爱的记录"。

"4月5日，高烧38℃，挺住！"

"4月11日，退烧了，太好了！"

妈妈是那么全心全意地把我养大，我身上满载着妈妈数不清的爱。

我情不自禁地抱起睡在一旁的女儿，现在，该轮到我来"记录爱"了。

30 岁 · 女性

3

那些儿时最珍爱的礼物

我经常抱着三岁的独生子回娘家。最近儿子老是找我要迪士尼系列的各种人偶,我跟妈妈唠叨这件事的时候,她问我说:

"你小时候我给你买的东西,你最喜欢什么,还记得吗?"

妈妈的笑容里带点儿调侃。我当时没能马上想起来,但是聊着聊着,突然想起了一样东西。对了,我喜欢一个崭新的便当盒。

那是我要上幼儿园的前一天晚上。上幼儿园就要开始用便当盒了,而我却在头天晚上知道自己要用的是哥哥剩下来的便当盒,于是大哭不止,吵着闹着非要表面印着"美少女战士"的便当盒。

第二天一早,我看到厨房里放着的,竟然是一个粉色的"美少女战士"的崭新便当盒。

"想起来了?当时呀,为了给你买'美少女战士'便当盒,我可是跑遍了深夜开门的所有超市呢。"

我一点儿都不知道!而且当时妈妈竟然是背着比我小两岁的弟弟,骑着自行车挨家挨户去找的……

23 岁 · 女性

为他们做饭 4

父亲住院了，医院诊断出他患了癌症，而且已经到了晚期。

父亲的病情不断恶化，渐渐地，竟连一口饭菜也咽不下去了。眼看着父亲一天天衰弱下去，我真是难过得不能自已。

为了让父亲高兴一点儿，哪怕吃下一口东西也好，我专门跑到他最爱的一家餐厅，买了寿司和鳗鱼带回医院。

可是父亲有气无力地对我说："不想吃。什么也吃不下，真抱歉……"

"您想吃什么，告诉我，什么都行。"看着一点儿力气都提不起来的父亲，我几乎绝望地求着他。

父亲看了我半晌，说出一句让我很意外的话：

"哦，我想吃……以前你做过的土豆烧牛肉。"

想起来了，爸爸说的肯定是我上中学时，跟妈妈学做的第一道菜，他竟然还记得这件事。

"我知道了，您等着。"

出了医院的门后，我向超市跑去。买了菜回到家，我用尽全身力气开始做起了土豆烧牛肉。我把土豆削好皮，切成爸爸容易吃的大小，泡在水里。然后切洋葱，突然鼻子被呛到，一滴泪掉到了案板上。

霎时间,我的泪水就像开了闸的水库,稀里哗啦地掉了下来。我任凭泪水恣意流淌,一丝不苟地切完了洋葱。

也不知过了多久,菜已经做好了,泪水却还没有停下来。

23 岁 · 女性

5 教妈妈发短信

自从老妈买了手机以后，总是打电话问我怎么发短信。年过七十的人了，怎么学也学不会。她絮絮叨叨地抱怨："说明书太难懂，想查的东西写在哪一页都找不到。"

我那段时间工作正忙，接了几次电话就烦了：

"您学会发短信又能怎样？您能发给谁呀？"

那日以后，老妈没有再打电话过来。我开始有点儿后悔，心想自己可能话说得太过分了。

没想到几天之后，收到了老妈的短信：

"工作怎么样啊？我会发短信了！"

我恍然大悟。老妈要学会发短信，就是想发给我。

我略带歉疚地回信说："了不起啊，您竟然给学会了。"

第二天老妈发来回复，有些骄傲地说："是费了好大劲，不过总算学会了！"

43 岁 · 男性

6
让我为你洗澡

为了庆祝父亲六十大寿，我带他去温泉旅行。洗澡的时候，我帮他搓了搓后背。

　　小时候感觉父亲的后背就像一堵墙，好大好大，而现在它在我的眼里却变得如此瘦小。

　　"啊，真舒服，舒服极了！"父亲高兴地说。

　　而我，却不知为什么有些哽咽，一句话也说不出来。

　　"真没想到你会给我搓后背。"

　　我一直沉默着，帮他洗着，冲着。

　　"太舒服了，真是人生的最高享受。"

　　帮父亲洗完后，过了很久，他仍一直沉浸在喜悦之中，丝毫没有察觉我的伤感。

37 岁 · 男性

7

抱上外孙

得知父亲患上癌症的时候，我刚刚知道自己怀孕了。

看到不知所措的我，父亲想鼓励我振作起来，就向全家表示，他将与癌症顽强地战斗到底。为了专心治病，快要退休的父亲辞去工作，接受了复杂的手术。明知会有很强烈的副作用，他还是开始了抗癌治疗。

麻醉药性一过，躺在病床上的父亲拼命睁开眼，第一句就对我们说：

"看不到我的外孙出世，我绝不会死去。"

渐渐地，抗癌药的副作用开始发作，父亲的头发慢慢掉光了，原本健硕的身体也变得十分瘦弱。但一定要看到外孙的强烈意志，成为他与病魔抗争的巨大力量。

终于，孩子降生了，是个男孩。出院当天，我立刻带他去看望父亲。

看着睡意正酣的外孙，父亲小心翼翼地把他抱了起来，那一脸欣喜的神色，我至今不能忘怀。

父亲对着我的儿子轻轻呢喃："多么结实的孩子啊，你长大了可要好好听妈妈的话呀。"

一周后，父亲去世了。

那天,我接到母亲打来的电话,得知父亲病危的消息。我立刻抱起儿子,一路赶到医院。我坐在几乎没有了意识的父亲床边,把儿子的脸靠向他枕边。

喊了几声"爸爸"后,父亲的眼睛终于张开了一条缝,定定地看着天花板。

"爸爸,您看这边,我把孝志带来了,您看看他吧。"

可父亲已经连转过头来的力气也没有了。过了一会儿,他仰着脸,静静地停止了呼吸。

但是我相信,父亲一定很高兴我们能赶到医院。因为我的确看到了,父亲临行前眼角慢慢流下的一行泪水。

那时,我握着父亲已经皮包骨头的手,感到他的身体正一点一点变得冰凉。我轻声与他告别:

"爸爸,谢谢您一直等到现在,谢谢您!"

30 岁 · 女性

带他们出国旅游

父亲曾是银行职员,即使退休以后,每周也会用一半时间去当地市政府做些审计工作。审计工作比想象的要忙不少,一点儿也不轻松。

偶尔,父亲也会发点儿牢骚,说些心里话:

"总靠我这样的老头子在第一线工作可不行,年轻人早该接班了,可就是顶不上来。"

一方面,我觉得父亲在身体硬朗的时候,多少参与点社会活动是件好事;另一方面,我又觉得他已经年过七旬,也该享受一下晚年的悠闲时光了。

有一次趁回老家的工夫,我建议道:

"爸爸,什么时候咱们全家一起去旅游吧。"

"好啊,可是要等到现在的工作辞掉以后才行啊。"

父亲虽然这么说着,脸上却是掩饰不住的高兴。

"去旅游有个三天两夜就够了,不用等那么久。您先把护照办了吧。"

我一拍脑门想出的主意,却被父母欣然接受了,二老很快就去办了五年期限的护照。

要带着年过七旬的父母出游,而且是从未出过国的两位老人，我想还是去和日本时差比较小的亚洲其他地区更合适。去香港，还是去台湾，要不然去上海？……我和太太兴冲冲地找来一大堆彩页，正打算安排具体行程，不想父亲却在这时突然住院了。

就在父亲的审计工作告一段落，正盘算着如何自由自在地享受晚年生活的时候，他却一病不起。

刚住院时检查的结果是肺气肿，不久却被确诊是肺癌。

我一时间着了慌。

答应父母一起出国旅游的承诺还没有实现，三个月前在东京买的新房子也还没邀请二老来看过。

我曾经犹豫过现在买房子是否太早，却模糊记得父亲说道：

"买房子越早越好，只有住进自己的房子，才能有一家之主的感觉。"

正是父亲这句话，才让我下了决心购买属于自己的房子。

上一代做父亲的男人们，给人的整体印象总是威严有加，父亲就像其他人一样，也是那种在教育子女上特别严格的人。

我想也许他是有着自己的一套教育理论吧，尤其我是家里的长子，他对我更是特别的严格。

然而少年时期的我十分叛逆，最终走上了一条与父亲的希望完全相反的道路。直到成人之后，我才理解了他的苦心。

而父亲也在慢慢地改变。经过了退休、我姐姐结婚生子、我结婚，每到他自己或是孩子们的某件大事完成，父亲就少了一分严肃，多了一分亲切。

我和父亲之间的关系，也开始慢慢向彼此靠拢，偶尔地，我也会跟他谈谈自己的工作，聊聊我们夫妻之间的一些家常琐事。

在父亲住院期间，我不停地对他说：

"等您出了院，一定要来看看我的新房子，还有，别忘了我们还要一起去国外旅游呢。"

我以为，儿子的话对父亲病情的好转一定会有帮助，至少我是相信这一点的。然而，病魔却毫不留情，步步紧逼。半年后，父亲去世了。从未走出过日本一次，从未看一眼儿子的新家，就这样，父亲一个人去了另一个世界。

葬礼结束的那天晚上，母亲拿出了父亲的护照。

打开一看，还剩三年的有效期限。我心里涌起对自己强烈的谴责，我让二老去办护照，却没有马上带他们出国旅游。

办护照的时候父亲72岁。看着护照上他严肃干练的面容和工整的签名，想着今后还有一大堆需要向他老人家请教的事情，我的喉头开始哽咽起来。

45岁·男性

9 记下自己最喜欢他们的地方

从初中到现在上大学三年级，我一直都在坚持写日记。偶尔想起自己喜欢父母的某件事，就在日记空白的地方随手记下。

　　只是写下喜欢父母的哪些地方，也许根本谈不上是尽孝道。不过我觉得，认认真真思考这件事也非常重要。而且不单单是思考，通过把想法写在纸上，能感到父母离自己很近，感到他们对自己是多么好，为了报答他们，心里就越来越多地感到要为他们做些什么。

　　之所以想到在日记本上写这些东西，是因为我刚上初中那一年的生日发生的一件事。那天父母送给我一封信，内容是："以下是我们列出的喜欢你的地方，希望你今后也能保持这些优点。"

　　这句话的下面，列出了他们喜欢我的十个项目。

　　我当时在想，总有一天，我一定要回这封信。

　　现在我觉得，十项很有可能不够。

21 岁 · 男性

说还是不说 *10*

谈到父母离世前要做的事，我想到了我的一个朋友。

我这位朋友的父亲，在他 50 岁那一年，被诊断出患了晚期癌症。已经没有办法动手术，也不能做任何治疗了，他被宣告仅剩半年的生命。我朋友是独生女，她跟她妈妈一起伤心犹豫了很久，终于决定不把这个消息告诉爸爸。

做出这个决定的理由，是她希望父亲在最后的日子里，能和家人一起度过一段安静的时光。

她们本来觉得这应该是最好的选择，然而在她父亲住院几个月后，要分别的日子终于到了，她却突然发了傻，哭诉说没有告诉父亲得的是不治之症，也许是个错误的选择。

虽然她很想把事实告诉父亲，对父亲说"对不起，我没有跟您说实话"，但看着仅剩几天生命的父亲，却无法说出这么残酷的话。离最后的一刻越近，这样的话越是说不出口。

她心里一边挣扎着，一边一如既往地在父亲枕边鼓励他：

"就快好了，您可不能泄气。"

"很快就可以出院了啊。"

据说当时她父亲看着她，断断续续地说：

"谢谢你了。我能坚持到现在，多亏了你和你妈妈。"

爸爸！难道您已经知道真相了？当时她就忍不住哭了出来。

"对着生命即将走完的人不停地加油打气，我这个女儿可真残忍。怎么就没能让父亲安稳地走完最后的一段路呢？我可真是个不孝之女。"

尽管父亲已过世十年，我朋友仍为这件事后悔不已。

我倒不认为我的朋友没有尽到孝道。只是这件事提醒了我，如果有一天自己碰到同样的问题，说还是不说，还真该早点儿想好。

30 岁 · 女性

学会家传菜 *11*

和爸爸离婚以后，妈妈一个人抚养我长大。大概她觉得越是单亲家庭，越应该严格教育子女吧，从小到大，她对我的生活和学习，总会事无巨细地唠叨个没完。

记得小时候，我特别喜欢她做的烤蛋卷，松软可口，略带些甜味。她曾经自卖自夸地说过："就是在饭盒里放凉了也很好吃啊。"

我上中学的时候，有一次因为和好朋友吵架，曾经逃过一段学。虽然知道吵架的原因不过是些鸡毛蒜皮的小事，但就是提不起向朋友道歉的勇气。即使是逃学那段时间，我也总是躲在自己的房间里，很少走出去。

妈妈每次做好我的午饭就出门上班，应该不知道我逃学的事情。但是为了不让她担心，我每天都把她做好的便当吃得干干净净，假装去了学校。

有一天，我看到便当盒下夹了一张便条，上面是妈妈用铅笔写的字迹：

"在学校里和大家一起吃便当，味道才更香。妈妈。"

原来妈妈什么都知道！我看着便当盒里的烤蛋卷，不知为什么，觉得比平时更加金黄灿烂，放到嘴里，也觉得加倍好吃……大概是体会到了妈妈细心温柔的爱，我的泪水一点点地涌了出来。就这样一边哭一边吃，我慢慢鼓起了去学校向朋友道歉的勇气。妈妈的烤蛋卷，给了我神奇的力量。

后来我女儿开始上幼儿园的时候，有一次我回娘家，让妈妈教我烤蛋卷的做法。

"咦，我以前难道没教过你吗？"

说着，妈妈满脸笑容地卷起了袖子。

35 岁 · 女性

12 定期举办家庭聚会

父母离去前你要做的55件事

我们家连我在内一共有三个孩子，每个孩子一开始上班，就会离开父母，但是因为都住在东京，一家五口每月都能聚一次。

三年前我姐姐结婚，与父母的关系更加亲近起来，生活的重心都放在了"家"上。两年前，她建议全家每月聚一次。父母家里已没有专门给孩子们留宿的房间，聚会一般也就是在外面吃顿饭。开始我觉得每月一次好像有点麻烦，但真正实行起来，倒意外地发现，这件事其实还挺温馨的。

我们三个孩子轮流负责主持聚会，包括跟其他人联系，预约吃饭的地方。我们并没有把约会固定在每月第几周的星期几，而是到了想要聚会的时候，才给大家打电话。这样一来，和父母打电话的机会比以前更加频繁了。每月一次，家人聚在一起，发发牢骚，谈谈自己的近况，或有一搭没一搭地闲聊。这样的聚会能让自己全身心地放松，把一个月来的压力和烦恼统统忘掉，整理好心情准备迎接下一个月份。

家庭聚会，还真是一个不错的放松机会呢。

28岁·男性

问问他们的初恋故事 *13*

父亲对我管束很严，尤其是我交男朋友的事，别提说得有多多了。上高中时，我和足球队的一个男孩交往，有一次带他到家里来玩，父亲在一旁嘀嘀咕咕地说那个男孩怎么怎么没有礼貌。我非常生气，开始拒绝跟父亲说话。

那段时间，母亲第一次跟我谈起她的初恋对象也是踢足球的。我母亲虽然不是特别耀眼的那种女孩，但是钢琴弹得特别好，在校庆等大型活动中经常上台表演。

就在她上高中的时候，开始有了自己喜欢的人。对方和她性格完全相反，喜欢运动，人长得也帅。逐渐地，彼此注意上了对方，有一段时间总是一起去图书馆什么的，开始了交往。

母亲家里对孩子管教得也很严，规定了孩子每天回家的最晚时限，也就是门禁。每次见到母亲的父母，男孩都会认真地打招呼，特别有礼貌。

可惜母亲的初恋还是结束了。男孩考上了外地的大学，开始独立生活，而母亲却没有考上。远距离恋爱很难持久，结果就分手了。

那还是我头一次听母亲这样慢悠悠地讲述自己的初恋故事。

奇怪，母亲和父亲可是高中同学！在母亲初恋的故事里，父亲究竟是什么时候登场的呢？我忍不住好奇地问母亲。

"我的初恋对象就是你的父亲啊。他大学毕业以后，我们又恢复了交往……"

我突然醒悟。父母原来是想让我明白，恋爱一定要选择真正对自己好的人。

父母两人打了一场漂亮的联袂战！

我心里不禁赞叹了一下，想着，要是将来我也有了女儿，一定也要学他们唱一次双簧。

22 岁 · 女性

14 回忆和他们吵些什么

我有两个女儿，老大上初中二年级，老二上小学六年级。

最近老大只要有点什么事，都会跟我和太太怄着说话，什么爸爸妈妈就只对我严格啦，什么如今的时代没有限制中学生五点前回家的啦，诸如此类。虽然有时我也觉得她说得有道理，但更多时候，我却觉得她蛮不讲理。

回想起来，自己小时候也总是被父亲骂。父亲是高中语文老师，对什么都较真得不得了，有点儿小事就教训我一顿，我也总是跟他顶嘴吵架。那时的父亲，一边跟我吵架，一边在想着些什么呢？

自从自己为人父母后，越来越多地思考起这些问题。现在作为父亲的我是很矛盾的，很想找自己的父亲问问怎样做爸爸才好。我也奇怪自己居然会有这种想法，恐怕还是平生头一次。

41 岁 · 男性

记得照全家福 *15*

父母离去前你要做的55件事

我家有张黑白的全家福，母亲抱着婴儿时的我坐在椅子上，背后是笔挺站立的父亲。这张照片父亲竟然连续33年都放在记事本里，并一直带在身上。当我知道这件事的时候，真是大吃一惊。

父亲拿给我看这张很有历史意义的照片，是在我生下女儿不久之际。为了庆祝女儿断奶，可以自己吃饭，我邀请父母到家里做客。几杯酒下肚，父亲变得话多了起来，他摇摇晃晃地拿出自己的记事本，翻出那张照片给我看。

"我给你看过这张照片吗？你还是婴儿的时候照的。"

我当然没见过。我太太探头看了一眼，就惊喜地尖叫了一声。母亲则在一旁苦笑着：

"这么旧的照片竟然还带在身上。"

"就是因为这张照片，我才活到现在。"

父亲因喝啤酒涨红了脸，吐出了这句话。

我家经营着一家旧书店，好几次都差点倒闭。

自从互联网普及以后，我开始在店里帮忙，通过网上营销，终于把书店支撑了下来。父亲说他一个人经营这家店的时候，遇到几次将要关门的危机。每逢快要倒闭时，他都会拿出这张照片,对着它念叨:"再撑一撑,还得再撑一撑。"

听父亲道出这件事,我建议全家再去一趟照相馆。父母、我们夫妻俩,还有刚出生的女儿,这次五个人一起去照相馆照一张全家福。

"这主意太好了!"父亲听了高兴得不得了。

新的全家福上,我和父亲并肩站在后排。看着照片上比我矮了一头,却直着腰挺着胸的父亲,我真为他骄傲。

33岁·男性

和爸爸出去喝一杯 **16**

父母离去前你要做的55件事

下班回家的路上，刚出检票口就碰上了爸爸。最近很少见到他像今天这样没有喝过酒就回家。

我问他："今天怎么这么早？"

他像往常一样含含糊糊没有正面回答。

我和爸爸两人并肩往家走着，突然间我停下了脚步。说起来，还从来没跟爸爸在外面喝过酒呢。虽然感到有点唐突，我还是建议道：

"要不要去喝一杯？"

"嗯？跟你吗？"爸爸虽然一脸的惊讶，但还是掩饰不住上翘的嘴角，看来还是蛮高兴的。

我们父女俩走到一家门口挂着一盏红色纸灯笼的小店，这是爸爸经常光顾的地方。

"欢迎光临！"店老板高声喊道。

爸爸对店老板介绍说："这是我的女儿。"然后就非常不好意思地叫了两杯啤酒坐了下来。

哦，原来经常在这样的小店喝酒啊。我好奇地环顾四周，不停地打量着店里。店老板走过来跟我搭讪说："你爸爸一来这里喝酒啊，就不停地夸自己的女儿，说你多么多么的优秀。"

爸爸马上打断了店老板的话：

"喂喂，说什么呢，你可真多嘴。"

爸爸平时很少夸我，听到店老板的话，我觉得有点儿意外，心里又有点儿窃喜。

我给爸爸倒着酒，假装不经意地问了一句：

"你究竟都夸我什么了？"

爸爸窘得什么也没有说。

27岁·女性

17

在自己生日那天送他们礼物

我出生在樱花盛开的日子。

在我大学校园的附近,有一条河,河边是赏樱花的著名景点。20岁生日那天,我独自在烂漫的樱花树下散步,心情好得不能再好。温暖的天气,灿烂的阳光,醉人的花香。

"我竟然出生在这样的季节,真是好幸福。"

这样想着,从心底涌上说不出的高兴。

这一天,为了庆祝自己的生日,我买了一个钱包当做礼物送给妈妈。

我还在礼物上面放了一张生日卡,上面写着:

"妈妈:谢谢您带我来到这个世上。"

从那以后已经过去了五年,妈妈一直珍惜地用着我送给她的钱包,至今没有一点儿磨损。

25岁 · 女性

陪他们旧地重游

本来我父母的关系一直不错，但自从我大学毕业到外地工作以后，两人之间就变得再也不像从前的样子。主要是爸爸不知心理发生了什么变化，一到周末就自己一个人出门。

开始我曾怀疑爸爸在外面是不是有了女人，后来听妈妈说，爸爸好像喜欢上了逛那些榜上有名的餐厅。

平时爸爸常常翻阅《米兰餐饮导游》那类杂志，查找口碑好的餐厅，自称"美食通"。而妈妈本来就不爱出门，更对到外面吃饭没有兴趣。不过我记得小的时候，妈妈也曾偶尔带我到外面吃午饭。

"就知道自己一个人奢侈，也不知道他究竟在想什么？"

妈妈给她的独生子也就是我打来的电话里，埋怨变得越来越多。

无论如何，我要想方设法让父母回到以前笑容满面的时代。

有一次开车回东京，我邀请父母一起乘车出去兜风，目的地是横滨的一家餐厅。我计划着要是去那家餐厅的话，妈妈也应该愿意去。

因为我曾听他们说过，两人恋爱的时候经常去横滨约会。

出门那天，两人在刚坐上车后的一段时间里，彼此显得不太自然。

"最近工作怎么样？"

"每天下班那么晚，有没有好好吃饭？"

就这样，坐在副驾驶位置的爸爸问一句，后座的妈妈也探身问一句，两人都想通过我把谈话连起来。

有一搭没一搭的问答结束后，车里开始沉默起来。我想，一会儿到了就好了，也没特别做什么，就专心开车，一路驶向横滨。

下车的地方，是港口附近的一家餐厅。因为我记得父母以前提到过，就像松任谷由实歌里唱的那样，在这家"可眺望大海的餐厅里"，他们曾经常一起吃午饭。

我的目的似乎达到了，二老都惊喜万分。

当我把车停到停车场，说了句"到了，你们怀念的餐厅"时，两人仿佛早已穿越时空回到了年轻时代。

第一个开口的是妈妈："哎呀呀，这餐厅岂不是变成了不可眺望大海的餐厅了。"

"还真是，全都变样了。"

"真遗憾。"

"管他呢，先下车看看再说。"

爸爸很自然地下车给妈妈开门。

餐厅周围建满了高层住宅，虽然歌里唱的可以望见绝壁的景色已经没有了，但是二老能够回到初恋时的气氛中，我的目的也就达到了。

坐到座位上后，两人已经恢复了以往的交谈。

"以前我们在这家店总是点苏打水喝。"

"那是你，我每次都点可乐。"

诸如此类，虽然都是些很普通的内容。

看着我一直在观察两人的脸色，妈妈调侃地说：

"竟然想着带我们到这儿来，你还真有心，不愧是你爸爸的儿子。"

爸爸带着一脸"那是当然"的神色，开始喝起了可乐。

33 岁 · 男性

吃光妈妈做的菜 *19*

父母离去前你要做的55件事

离开父母独立生活，已经有十年了。虽然离得不远，想回去随时都可以，但正因为如此，回去的次数反而不多。而且每次回家都要胖上两公斤，觉得每年回去一次就足够了。

真不明白，每次回家，老妈为什么总要做那么多的菜。

蛋包饭、炸鸡块、青椒肉丝、炖肉汤……

基本就是碳水化合物，肉、肉、肉。

这种饭菜，完全就是运动员集训时吃的营养餐，根本就当不了下酒菜。

"你不用每次都做那么多好吃的。"

虽然我说过几次，但老妈根本不听。

"是啊，你早就不是小孩喽。"老妈笑着，眼角的皱纹也一年比一年多。

"你妈妈做的菜，最近老是这几样。"老爸紧跟着说道。

老爸以前可是一直穿牛仔裤的人，这几年在家里却总是穿着运动裤。大概是因为孩子们都离家自立了，只剩下夫妻俩，日子过得单调又没有紧张感吧。而且屋子里的颜色，感觉一年一年地在变黄变旧。

老了。老爸老妈都老了，我也老了。

但是，在爸妈的眼里，我还是少年时代的我。

嗨，管他什么高热量不高热量，为了让老妈高兴，我就放开肚子，把她做的饭菜全都吃光吧。

35岁·男性

20 投接球练习

有一天我在家里整理东西,在抽屉幽暗的角落,发现了三只旧旧的棒球手套。其中的一只很小,一看就知道是十来岁小孩专用的。

记得上小学时,我常常戴着这只手套跟父亲玩投接球练习。开始的时候,我觉得父亲扔过来的球超快,但自从上了初中,就渐渐觉得父亲扔球的速度其实跟自己也差不多。

"好啊!好球!扔得好!"

每次父亲"啪"的一声接住我的球,都会喊上这么一句。

看着这只棒球手套,父亲的身影开始在眼前晃动。真想回到那个时候,再跟父亲一起玩投接球,可是当年站在对面接球的父亲,早已不在人世。

我上高中的时候,父亲永远地离开了。临走前他对我说的最后一句话,在我脑中又响了起来:"再也不能一块儿玩球了,对不起啊!"

你说什么对不起!我只要你能健健康康地活着!

想到这里,我哭出了声,这在父亲去世后,还是第一次。

23 岁 · 男性

21

用手机拍下他们

在电车上摆弄着手机,竟然发现了一张父亲的照片。照片肯定不是我拍的,估计是我女儿拍的,真是让我吃了一惊。

平时一脸严肃的父亲,照片上却像孩子一样,脸上漾着天真的笑容。我从来没见他笑得这么开心过。

到底是因为喜欢手机拍照,觉得很新鲜,还是因为孙女给拍照,表情就不由自主变得柔和了呢?不管什么原因,这样的表情真是不错。

下次回老家时,我也尝试一下用手机拍照吧。

如果一本正经地提出来想给爸爸照张相,恐怕我会不好意思说出口,但是用手机拍的话,也许就能比较轻松地按下快门了。

38 岁 · 男性

挽着爸爸的胳膊 22

父母离去前你要做的 55 件事

从今年开始，只要爸爸过生日，我们两人都会一起外出吃饭。我和爸爸相依为命，生日总是要认真庆祝的。在我小学五年级的时候，妈妈因为交通事故去世了，是爸爸一手把我带大。

爸爸今年56岁了。

自从我参加了20岁成人礼后，爸爸就不怎么跟我一起外出了。

即使是我叫他一块儿出去吃饭，他也总是推辞说，叫外卖就好了。

还有一次他说了个冷笑话："万一在路上被人看做包二奶的可不好。"

我立刻反驳道："谁见过长得这么像的二奶？"

但无论如何，他就是不肯跟我出去吃饭。

今年他过生日的时候，我磨破了嘴皮子，才把他拉到家附近的意大利餐厅。

生日宴没大张旗鼓，只是多点了一瓶红酒。随着酒精开始起作用，爸爸终于放松下来，话也多了起来。

回家的路上，我自己多少也有了点酒劲，很自然地挽住了爸爸的胳膊。爸爸的臂膀和以往一样,肌肉发达有力,挎上后,立刻就有了安全感。

我以为爸爸会感到不好意思,但他却照样两手插在裤子的口袋里,只是看了我一眼,说:

"你要是有了男朋友,就不能挽着我的胳膊上街了。"

"不会的,就是结了婚生了孩子,我不也是爸爸的女儿嘛。"

爸爸不相信地哼了声,就笑得满脸堆起了皱纹。

22 岁 · 女性

23 和妈妈逛街

去巴黎旅行的时候,下狠心给妈妈买了一条爱马仕的围巾作为礼物。

妈妈看着围巾出了神:"不管是图案还是手感都这么好,不愧是名牌。"

正讲着,突然抬头对我说:

"下次一起去逛街怎么样?到银座去买东西。"

"啊,我就不去了吧。"

银座在我的印象里尽是高档货,不太想去。我只适合到涩谷那样的地方去逛街,所以下意识地拒绝了妈妈。

后来,我又改变了主意。

周末,我穿上了很少上身的连衣裙,和妈妈一起去银座逛街。

我还一改往常的化妆习惯,特别化了个淑女妆。妈妈则戴着爱马仕的围巾,一脸骄傲的模样,带着我昂首阔步地走在银座大街上。

看来,女人要想重返青春,还就得上这种豪华的地方来逛逛。

27 岁 · 女性

和他们一起看相册 24

父母离去前你要做的55件事

父母离去前你要做的55件事

我们姐妹三人坐在一起翻看相册,最近变成了我家的一个新习惯。

数码相机拍的照片自然不行,但老相册就可以在桌子上摊开,大家探着头翻来看去,嬉笑着,喧闹着,一起回忆往事。

一开始,是因为二姐要结婚。她打电话来说,因为婚礼上要放以前的照片,所以要看相册挑一挑,于是回到了很久未回的娘家。刚好那天大姐也因为姐夫出差,回娘家来玩。我们三个人就一起看相册,说着这个好那个也不错之类的,叽叽喳喳地评论起来。

两个姐姐走了以后,我自己坐在客厅里翻着桌上的相册。妈妈还没有睡觉,坐在旁边也一起看了起来。她随口说:

"拍这张照片的时候,你前一天晚上突然发高烧……"

"这是那次去滑雪的时候,你还迷了路……"

妈妈每看一张照片,几乎都能随口回忆起一个故事,把我不知道的不记得的事,一点一点讲给我听。

对妈妈来说,不管我们长多大,在她的记忆里永远都是小女孩。我头一次感到,小时候发生的许许多多故事,点点滴滴地积在一起后,才有今天的我。我也头一次注意到,每当妈妈看着照片讲述昨天的故事，脸上就露出神采奕奕的表情。她的思绪一定回到了过去的好时光。

之后，每逢姐妹们聚在一起，我就拿出相册问她们要不要看。

最近我们谈得最多的，是关于妈妈的时装。相片里的妈妈穿着迷你裙，戴着大大的墨镜，从今天她胖胖的身材，无论如何也不能联想到当年的模特风采。我们姐妹三人看得大笑起来，连妈妈也跟着笑出了眼泪。妈妈咧开嘴，笑得那么开心，那模样，似乎已好久没有见过。

26岁 · 女性

问问他们的梦想 **25**

假期回到家里经营的旅馆，我躲在屋里，除了弹吉他外，什么也不干。

老爸不满地唠叨说："你的梦想究竟要追到什么时候，干点儿脚踏实地的工作好不好！"

我听了猛地上了火，回了一嗓子：

"跟你有什么关系！我只是做我喜欢的事情而已。"

老爸把眼一瞪，说：

"做自己喜欢的事情，和只当个半吊子可是有区别的。"

说完，老爸走出了房间。从那以后，我再也没跟老爸说过一句话。

回东京的前一天，老妈跟我说了这么一件事：

"你爸爸年轻的时候也有过自己的梦想。他一直念到研究生，打算毕业以后从事航空航天方面的研究，学校方面也特别看好他的才能。可是自从你爷爷生病以后，为了继承家里的旅馆，他放弃了自己的梦想，回了老家。"

我很吃惊。老爸居然也有那样的过去，只为了守住代代相传的祖业，竟然放弃了自己的梦想。知道了老爸的过去，我也不能总这样光考虑自己，说什么只做自己喜欢的事情。

第二天一早,我出发前路过账房,正在工作的老爸没好气地抬起脸看着我。

"会有那么一天,我会脚踏实地的。"

看着老爸一脸不相信的神色,我很快说出了下一句话:

"不过,我绝不会当一个半吊子的。"

……

虽然感觉到了背后老爸注视的眼光,我还是义无反顾地走出了家门。

22 岁 · 男性

26

和妈妈煲电话粥

平常即使没有什么事，我也会经常给妈妈打电话。

在老家的大学毕业以后，东京的一家公司聘用了我。和那些在东京长大的人或者大学时代就在东京度过的人不同，在这座城市里我认识的人很少。

我上班的公司是一家餐饮集团。因为工作原因，自己的闲暇时间和周围认识的人也总是对不上。每当想跟老家的人聊天时，第一个想到的就是妈妈。妈妈总是知道一些我同班同学的八卦新闻，要不就讲讲哥哥妹妹的近况，从来不会让我在打电话时没有话题可聊。

从那以后，彼此有事没事就互相打打电话。

比起住在一起的时候，我们聊的事情更多，觉得妈妈离我是那么的近。而且，每次聊完，心情就放松了不少。妈妈好像也很高兴能跟我煲电话粥，还说要买跟我一样的手机。

广告上说同款手机之间通话能免电话费，这样我们就能聊得更多了。

24 岁 · 女性

27 把他们的照片做成台历

父母离去前你要做的55件事

父母结婚纪念日那天，我用他们两个人的照片制作了一个台历送给他们。自从我把自己不用的数码相机送给爸爸以后，就一直计划着这件事。

以前，爸爸总是跟妈妈一起出门，带着他心爱的老式相机拍下旅游时的情景。他非常喜欢自己的相机，从我小时候起就一直用着，从没买过新的。我上小学期间的照片，几乎也都是他这台相机照的。

大约一年前，爸爸心爱的相机终于坏掉了。这件事让爸爸十分失落，跟妈妈一起出门的日子也变得越来越少。

于是，我就把自己不怎么用的数码相机送给了他。

一开始，他还不怎么习惯操作方法，不过爸爸本来就是个特别爱钻研的人，他很快就掌握了不少知识，甚至比我还专业。

只不过，他对相机本身的性能虽然都了解得差不多了，却不知道相机跟电脑连接起来能做些什么，于是我才设想出制作台历的这个计划。

我把爸爸拍的数码相片偷偷复制出来，把里面的相片放大，在图像上方的位置设计了日历，打印出来送给二老。那时爸爸的反应很有意思：

"相机还有这样的功能啊！怎么，你居然盗用我的作品！"

"这可不是盗用，只是借用了一下你的资料罢了。"

现在，爸爸对这件事可起劲了，向我们表示明年的日历要由他来做，让我们等着瞧他的作品。

28 岁 · 男性

28

算算花在自己身上的钱

前两天，我邀请父母一起吃饭。

因为我很想知道，从我出生起，一直到工作后自己经济完全独立为止，父母花在我身上的养育费究竟有多少。我估计怎么也不会比社会平均费用少。

我也到了谈婚论嫁的年龄，和女朋友一起讨论未来人生的机会也多了起来，特别是关于养小孩的费用，这是避免不了的话题。结婚头几年，也许两个人还能无忧无虑地随意过过，可小孩出生后，工资究竟够不够花？是不是应该从现在开始存钱呢？

为了孩子，必须要削减一部分支出，直到今天这个年纪，我才第一次有了这样的意识。我小时候曾因为穿着爸爸的旧衬衫改做的衣服，觉得十分没面子，现在回忆起来，还真为自己以前的虚荣感到害臊。这也是我突然想请父母吃饭的另一个原因。

不养儿不知父母恩，现在到我报答父母的时候了。

29 岁 · 男性

29

探询他们成为父母之前的人生

新年的假期里,妈妈问我想不想看以前的老照片。要是在往常,我可根本没兴趣,不过反正也闲来无事,就答应了妈妈。

妈妈拿出照片一张一张地指给我看,跟我讲述照片里的故事,我边听边看。因为拍照的人是爸爸,所以基本上都是妈妈一个人的照片,但是每几张个人照后就有一张合影,不知道是请谁拍的。

对小孩子来说,父母从自己出生时就一直是"父母",可是父母在成为"父母"之前,也曾有过他们自己的人生啊。我边看着照片,边模模糊糊地思考着这些个平常得不能再平常的道理。

"妈妈,你看你那时候多幸福啊。"不善言辞的我总算说出了一句感想。

妈妈却马上接道:

"才不是呢,你出生以后的日子才更幸福。"

突然听到这样的话,一时间有点手足无措,让我更感到意外的是,我的嗓子居然有些许的哽咽。

26 岁 · 男性

问问自己会说的第一句话

今年春天，30岁的我终于有了孩子，是个女儿。如今她会哭会笑也会爬了，就是还不会说话，她开口的第一句话会说什么呢？这让我们期待不已，我每天和老公聊的就是这件事。

当上妈妈以后，我开始能和自己的父母聊一些为人父母的道理了，这件事也是新的体验，让我感到很高兴。

刚结婚的时候，大概是因为不太满意我的婚姻，父母几乎不怎么来看我们。不过自从孩子出生以后，二老就完全变了，每逢周末，他们必来我家串门。

我问父母，我出生后说的第一句话是什么。

"'馒馒'，不是吗？！"

最先想起来的是爸爸。妈妈紧跟着说："没错，一开始叫的是我。"

"你真笨，这句话是要吃饭的意思。"

我看着两人互相开着玩笑，感觉心里说不出来的舒畅。

早知道谈这些话题能创造这么好的气氛，我真应该多向父母问问我小时候的事情。

随着孙女的成长，父母也开始回想自己养小孩的日子。

真希望今后二三十年的岁月里,两人都能健康快乐地聊着过去的往事,屋里充满全家人开心的笑声……

30 岁 · 女性

记得他们的结婚纪念日 *31*

不久前我交了一个男朋友。两人交往一个月的纪念日，竟然有朋友给我发短信祝贺，真让我感动。

被人记得纪念日，是一件很幸福的事情。

我父母之间的关系还算不错，不过最近一到晚上就吵架。我很希望父母也能像我和男朋友一样关系更亲密些，所以想到在他们结婚纪念日那天送给他们一个惊喜。我连拉带拽地把弟弟也鼓动进来，一起策划这件事。

令人沮丧的是，我们竟然不知道父母的结婚纪念日！如果直接问他们的话，就没有后面的惊喜了，所以只好和弟弟分别寻找相关信息。我找到了妈妈的手机和记事本，没有任何一个日子划着好像是纪念日的符号。最后，弟弟找到了两人的婚礼照片，从照片上留下的日期里总算知道了两人的结婚日。于是我和弟弟就决定策划那一天的聚会。

我们想到假如当天爸爸回家太晚，这个计划就会失败，所以事先想好托辞，让爸爸一定按时回家。

结婚纪念日当天，我们准备了两束花，一束由我献给爸爸，另一束由弟弟献给妈妈，我们俩献花的同时齐声说道：

"爸爸妈妈，祝你们结婚纪念日快乐！"

大概是因为事情太过突然，父母两人一瞬间惊讶得目瞪口呆，不知道该怎么反应。

但是很快，感情丰富的妈妈眼睛湿润了。而爸爸那感动的样子，是我们事先没有预料到的。看到两人高兴成那样，我也忍不住嗓子发紧，眼泪差点就掉下来。

事后我们才知道，照片上的日子是婚后喜宴的日子，根本不是他们结婚的日期。不过，看到两人笑得那么甜，日子差一点就差一点吧，反正纪念日多几次也没什么不好。

17 岁 · 女性

打听自己出生时的故事

父 母 离 去 前 你 要 做 的 55 件 事

亲戚聚会时的必谈话题,永远是我出生的故事。

当妈妈阵痛来临时,爸爸因为值夜班不在家,妈妈没有办法,只好自己叫了辆出租车,一个人去了医院。

妈妈前脚刚走,爸爸后脚下夜班就回到了家,大大咧咧的爸爸还以为自己的太太也就到家附近去串串门,什么也没想就进入了沉沉的梦乡。

妈妈在医院请护士打电话给爸爸,家里电话铃响了无数次,居然根本没能把爸爸从梦中叫醒。而妈妈在医院却是难产,一个人和疼痛抵抗了整整一夜。

深夜,奶奶往家里打电话的时候,总算接通了。就在我即将出生的前一刻,爸爸赶到了医院。护士一边着急地对他喊着"快点!快点!",一边把爸爸带到了分娩室。

爸爸因为跑得太急,脚下一滑,一头撞在了分娩室的门上。就在医生和护士的注意力被爸爸吸引的瞬间,我怦然降生了。

这个故事其实也没什么特别的,就是常有的那种急急忙忙,要赶赶不上的故事,可是大家总是津津有味地聊着,而且每次都是妈妈套用一句台词来结尾:

"有多少次出生,就有多少次故事。"

这句话永远是谈话的高潮,亲戚们大笑着结束这场谈话。父母永远说不厌这个故事,而我永远做他们忠实的听众,这也算是一种孝道吧,至少我自己是这么认为的。

18 岁 · 男性

33

买回他们最为珍视的东西

父亲刚去世不久，有个熟人给我拿来一样东西。打开布袋，一眼瞥见了熟悉的牌子，这不是以前父亲最喜爱的相机吗?!

一回忆起小时候的情景，就能想起肩上斜挎着相机的父亲那骄傲的身影。

无论是全家出门旅行，还是家人过生日，或是学校开运动会，父亲总是在脖子上挂着他心爱的相机，不停地给我们拍照。后来，因为父亲经营的公司效益不太好，我家的经济状况一度陷入危机，父亲便把他心爱的相机卖给了朋友。

虽然后来公司挺了过来，再买一台新相机也不是不行，但父亲却不买，不仅如此，旅游的时候，他还做出一副非常讨厌拍照的样子。就好像只要不是他卖给朋友的那台相机的话，别的相机都不叫相机似的。

事隔30年，再次看到父亲使用的相机，就好像看到了父亲久违的笑脸。我摸了摸，发现相机底座刻着数字："1967.09.04"。

这不是我的生日吗？原来这是父亲为了纪念长子诞生而买的相机，它的使命就是记录孩子的成长，是有特殊意义的啊。

怪不得父亲会那么喜欢这台相机，别的都看不上眼。

我对着那个熟人,深深地低下了头,说出了估计也是父亲一直想要说的话:

"请您把这台相机卖给我吧。"

43岁·男性

问问他们相识的趣事 **34**

父母离去前你要做的55件事

"你们俩是怎么认识和结婚的呢？"

开口问父母这种事，毕竟不太好意思，而且也难得找到机会张口。我实在忍不住想知道答案，趁有一次跟妈妈喝茶的工夫，终于开口问了出来。

听完妈妈的讲述，我才知道他们两人相识的故事还挺浪漫的。

"也没什么大不了的，怎么想起来问这个？"

妈妈先来了这么一句开场白，然后就愉快地回忆起两人的故事来。

当时妈妈刚刚开始工作，上下班都要坐将近两个小时的电车。

有一天早上正下着雨，妈妈走向车站的路上，一个男人一路小跑，脚下踩起大片的水花，溅在了妈妈的雨衣上。

"啊，对不起！"

这样说了一句，男人也没有放慢脚步，就飞快地经过了她。

"这人怎么这么粗鲁！"

妈妈生气了。这就是他们的第一次相遇。

几天后去上班,在和平时一样挤得满满的电车里,妈妈发现窗口站着一位老婆婆,好像身体不太好,似乎也不怎么习惯乘坐电车,有点晕车了。

正在犹豫要不要把自己的座位让出来,突然听到一位男士亲切地问候老人:

"您没事吧?身体不舒服吗?"

妈妈看着男士,发现他和自己年纪差不多,一张熟悉的脸似乎在哪里见过。也许是因为每天都乘坐同一趟电车的关系吧。

"请哪位客人把座位让给这位老人家。"

男士对周围喊了一声后,妈妈便把自己的座位让了出来。老婆婆坐下以后,脸色慢慢地好转了。到了老婆婆下车的那一站,当老婆婆跟那位男士无数次道谢的时候,妈妈突然想了起来:

啊,这不就是把雨水溅到自己身上的那个人吗。

这就是两人的第二次相遇。

"我送您到车站出口吧。"

男士搀着老婆婆,和她一起走出车厢。看着他的背影,妈妈对他的印象有了180度的转变。没想到这人为人还是挺不错的。

之后,两人经常在电车上碰面,妈妈虽然很多次都想跟对方搭话,可终归就是开不了口。

有那么一天,妈妈碰巧遇到高中的学姐,知道对方跟那位男士竟然是同事,于是有了互相认识的机会。这就是他们的第三次相遇。

跟父母生活在一起,觉得他们性情相投是很自然的事,没想到还会有这么浪漫的邂逅故事。

谁都会做的事情,但不一定能付诸行动,就是因为两人共享这样看似平常的小事,彼此之间才会有了心灵的相通和牵挂吧。

听了妈妈的故事,我觉得自己能成为他们的女儿,真是很骄傲。

希望有一天,我也能遇见像爸爸一样的男士,温柔又有勇气。

我还希望能与这样的男士共建一个家庭，夫妻之间百分之百信任，就像我的父母一样。

30岁·女性

35 把他们的生日写在最容易看到的地方

我记事本的日程表上，在父母生日的那两天都打着特别的记号。

　　自从上中学以后，每逢父母生日，我都会和妹妹一起给父母写信，或者送礼物。

　　因为十多年来一直坚持这么做，父母的生日自然记得很牢。但我还是习惯每年买一个新的记事本，就在上面标注出来。因为记事本是最常用的，每天都要打开很多次，每翻开一次，父母的生日就会映入眼帘。

　　于是想到父母身体是否健康，很想去看看他们，给他们打个电话，等等。

　　每翻开一次笔记本，父母的笑容就浮现在我眼前，支持着我的心灵。

23 岁 · 女性

36 问问他们的烦恼

父母离去前你要做的36件事

爸爸是工薪族，回家一般都很晚，即使偶尔早早回家，也愿意一个人待着。妹妹在上大学，又是玩又是打工，忙得不行，晚饭时间在家的情况基本上很少。所以每天吃完晚饭，跟妈妈边喝茶边聊天就成了我的习惯。

我已经当了三年的公务员，回家时间算是比较固定，因此就可以和妈妈一起吃晚饭，一起慢慢聊天。

工作上的事情、将来的事情、爸爸和妹妹的事情、喜欢的人什么的，谈的话题很多，但是听妈妈发牢骚的时候更多。

比如妈妈打工的那个地方的事情、跟她关系不错的朋友的事，或者与家乡姐妹的关系，等等，凡事爱多想的妈妈，烦恼可真不少。

"倒也算不上什么烦恼吧"，她每次都是这样开场的，大概是因为没有太多谈话的对象，一开口就显得有些沉重。

我算是比较喜欢听别人说话的人，即使聊很久也会不时"嗯，嗯"地点头给予回应，讲着讲着妈妈也就想开了，会突然冒出一句："差不多该去洗澡了！"

妈妈曾经对我说过："有人能听我说话可真是幸福，跟你聊着天，心情就会慢慢变得轻松。"

只是点点头，应两声，就能让妈妈满意，这是多么轻松的事情。同时，听到她那么说，我第一次感到妈妈也是一个女人，她也需要依赖。

25 岁 · 女性

问问第一次挨打的故事

父 母 离 去 前 你 要 做 的 件 事

正上班的时候,妻子打来电话,说上小学五年级的儿子竟然在店里偷东西。据说好像是在便利店偷拿了饭团。怎么会发生这样的事?午饭的钱每天都给他了呀!我立刻赶回家,质问他怎么回事,儿子说午饭的钱想留着玩的时候用。

父母挣来一顿饭钱是多么的不容易,这孩子却一点儿也不懂得尊重父母的劳动,竟然说出为了花钱玩这样的话,我气得不由自主地抬手给了他一巴掌。看着用手捂着脸颊的儿子,心里有说不出的别扭。

"父母打孩子,是因为爱孩子。"按说只要这么想,心里就不应该这么难受,可我却一点也不这么觉得。

突然,我脑子里浮现出自己挨父母打的情形。

那是上中学的时候,我和母亲为点小事吵了一架,于是我就离家出走了。可是也没什么地方可去,只是不停地走了一个晚上。天快亮的时候,我觉得这个时间大家应该都在睡觉,就偷偷回了家。没想到刚轻轻打开门,站在门口的父亲一下子跳过来打了我:

"你知道不知道家里人多担心!"

父亲是个特别讲礼节的人,打孩子,这还是头一次。后来听母亲说,父亲一夜没睡,一直都在等我回家。

那时的父亲,可真是把我吓坏了。

周末,我路过父母家,父亲一直问着孙子的近况。

"正到淘气的年纪,很难管教啊。"

我说完,父亲冒出一句:

"那说明他正在长大呀,你要好好看着他才行。"

事隔25年,我第一次理解了父亲当时的心情。

39岁 · 男性

向他们求助工作上的疑难

退休后的父亲来了个电话,真是少有的事情。

经济不景气的时代,我工作的行业也尽是前途渺茫的话题,大概父亲从新闻中看到些什么,因为担心才打来的。

比起开发新项目,削减费用成了公司最优先考虑的问题,连长期合作的供应商也要重新筛选。为了公司的利益,我也做出不少削减费用的决定,以自己的行动为公司做贡献。

为了让父亲放心,我把情况跟父亲说明了一下,父亲一直沉默着。听我说完,他欲言又止地说道:

"你这么做行吗……"

父亲从电话那头传来的话,让我十分矛盾。这也是没有办法的事,它和着说不清的委屈,交织成了我复杂的心情。只是一通电话,就与长期合作的公司解约了,而供应商的老板也许正灰头土脸地坐在公司里……这些念头不停地涌上我心头。

"只按照自己的立场工作,总有一天欠别人的都会找到自己身上。今天你的成绩,还不是因为周围有不少人一起帮你才成就的吗?"

我没有回嘴,父亲又加重了语气:

"工作是建立在对别人关心、彼此信赖的基础上。你可要想清楚这件事。"

到退休为止一直在一家公司工作的父亲,向我游说工薪族应有的信念。虽然我也有很多可以反驳的理由,但我还是打算认真思考一下父亲的话。

32 岁 · 男性

用有意义的钱请他们吃饭

父母离去前你要做的59件事

"我领工资了,你们想去哪儿吃饭,我请客。"

第一次领工资的那天,我下了班直奔家里,对父母说道。

"你这家伙,挣那么几块钱,口气还不小。"

爸爸上来就是训斥,但是坐在旁边的妈妈露出了高兴的神色。

"那就让他带我们出去吃饭吧,他爸。"

妈妈站了起来。爸爸假装不理会,还是坐在沙发上看晚报。

我能有今天,全都靠父母的教诲,这种观念可能比一般人还要强烈。

我家境并不宽裕,我也努力了两年才考上大学。

为了大学的学费,爸爸拼命加班,妈妈也出去打工,这些事我永远也忘不了。

我的工资跟爸爸的相比差得太远了,但我还是打算好好慰劳慰劳辛苦了那么长时间的父母。

"说吧,想吃什么,我带全家出去吃饭。"

"嗯,那好吧,那就去回转寿司委屈一下吧。"

爸爸的声音听起来有点不耐烦。

"求求你了,今天可别提什么回转寿司这种地方。"

"既然儿子这么说,也没办法……"

爸爸放下报纸站了起来,脸上的表情看上去好像比妈妈还要高兴许多。

24岁·男性

为他们定制衣服

我爸爸是中学教师。

他为人耿直，最讨厌逢迎拍马、卑躬屈膝的事，但是对孩子的成长却抱有极大的耐心。

"说心里话"是他的口头禅，即使是那些屡教不改的淘气男孩，他也从未对他们劈头盖脸地训斥过。

然而两年前，爸爸却因为身体不好提前退休了。

按说在家疗养应该越养越精神，谁知道却越养越差，也许是不工作了就没有干劲的原因吧。

我想了很久很久，怎么才能让爸爸恢复以往的精神呢？回想起来，爸爸对穿着打扮其实很是在意，不管西装外衣多么旧，衬衣一定要买定制的。

一天下班后，我和爸爸约好一起去他定制衬衣的店里。店里保管着爸爸上班时定制的衬衣纸样，但是已经不合体了，我就让店里重新为他度量了尺寸。

过了几天，衬衣送来了，做得比想象的还要好。虽然只是定做了一件衬衫，但使得爸爸恢复了以往的自信，又精神焕发了。

"哎，我去一趟图书馆啊。"

爸爸穿着他新做的衬衫，意气风发地出了门。我看他这精神头，估计再活30年一点问题也没有。

25岁 · 女性

每年带他们做一次全面体检

妈妈的身体一向健康，从未得过病，有一天她却突然说没有食欲。我赶紧带她去医院做检查，诊断结果竟然是胃癌。

全家人顿时傻了眼。

"每年都接受市政府的免费体检，健康绝对没有问题。"

这句话是妈妈的口头禅。

不知道是因为体检没有查出来，还是上次查完之后才得的病。

幸好属于癌症早期。做了肿瘤切除手术后不久，妈妈便恢复健康出院了。

因为发生了这样意想不到的事，突然发现妈妈原来早已不年轻。一直都那么爽朗有朝气，一直都打扮得漂漂亮亮的妈妈，居然也在这个年龄得了癌症。

也许会有那么一天，我们不得不面对永别的时刻……这个不能再简单的道理，我和妹妹竟然现在才意识到，于是两个人不约而同地把"是该对父母尽孝了"这句话挂在嘴上。

为了从医院得到盖着大红章的"已经完全恢复健康"的诊断书，我们决定每年都带妈妈去医院做一次全面的精密检查。原本特别不爱去医院的妈妈开始还不情愿，但在我们两个人轮流陪同下慢慢转变了态度,后来总是笑着说:"医院我还不能一个人去吗?!"

  妈妈,请你一定要长命百岁,好给我们姐妹俩多一些尽孝的机会。

29 岁 · 女性

问问他们曾经担心过自己的事 42

父母离去前你要做的55件事

我一出生心脏就不好,刚三个月的时候动过很大的手术,除了胸前留下的一点痕迹以外,记忆中倒是没有留下什么。

在妈妈告诉我之前,"健康"对我来说是很正常的事,和其他人一样好好地长到这么大,说实话,从来也没考虑过关于"生命的价值"这类问题。

直到妈妈告诉我后才知道,要过这么平凡的生活,竟然不是容易做到的。

那一次妈妈拿出一个旧旧的小盒子,里面是被妈妈珍藏着,而我忘记了的生命奇迹。那是一双红色的婴儿鞋,看上去已经很旧了。

在我要动手术的前一天,妈妈认为手术也许会夺去自己女儿的生命,于是抱着一种信念到医院附近的店里买了这双红色的婴儿鞋。

这双鞋寄托着妈妈的信念,一定能让女儿活过来……

"你动手术的时候,我一直攥着这双鞋,就好像它是保佑你生命的神符。"

也许是妈妈的祈祷感动了上天,手术十分成功。当我一岁生日穿上这双鞋,并且开始歪歪扭扭地走起来的时候,妈妈的泪水止不住地流了下来。

她说,她当时心里想:"女儿,谢谢你来到这个世上,谢谢你恢复了健康。"

生命其实不只是属于自己的,妈妈多么珍惜我的生命啊。

现在我也偶尔会打开这个小盒子,看着那双小鞋。珍藏这一份记忆,健康地活着,我想这就是对妈妈最好的回报。

38岁·女性

跟他们一起享受爱好 43

爸爸好像从学生时代就喜欢爬山，结婚后也常常一个人出门去登山。到了我上小学的年纪，爸爸就开始带我一起出门了。

身上要背的东西很多，登山一点也不轻松，可两个男人的登山过程却是十分愉快的。但我上了中学以后，爸爸的工作很忙，只好牺牲了这唯一喜爱的运动。

我读大学时决定参加攀岩活动，也许是受了爸爸很大的影响。攀岩是在垂直的岩壁上攀登，和登山的难度不太一样，但是之所以喜欢这项运动，还是与爸爸告诉我"山的魅力"不无关系。

爸爸看到我热衷攀岩，说："想不想再一起去登山？"

爸爸已经七年没有去登山了，准备东西时，才发现以前登山的裤子已经紧了，各种用具也找不齐了，连嘴里说出来的话都好像是个从没有登山经验的人讲的。不过还好，等真到了山里，他以前那熟悉的感觉就又都回来了。

"不管过了多少年，大山总是没有变啊。"

爸爸一直走在我的前面，还不时地告诉我哪里不好走，哪种地方可以休息。

休息的时候,爸爸架上便携瓦斯炉烧开水,给我冲了杯热汤喝。

我小时候最爱的,就是登山途中的这一时刻。

我先喝了一口说:"真好喝!"爸爸就坐在我的旁边应声道:"好喝吧?!"

我们聊起了以往登山的事情、登山的知识,爸爸现在还有不少值得我学习的地方。

成为攀岩爱好者后,我越来越尊敬爸爸了。而爸爸也有他自己的内心感受,小声地说了一句:

"多亏阳介跟我一起来,我又开始感受到了登山的乐趣。"

32 岁 · 男性

44 写信感谢他们

上小学二年级的儿子,把他上语文课时写的作文《给爸爸的一封信》带回了家。听着儿子大声念自己的作文,我半是害羞,半是高兴。

作文的最后一句是:"爸爸,谢谢你!"听到这句话,我不由想起了自己的父母。好久没有写信了,打电话的次数好像也越来越少,上一次感谢爸爸是哪一年的事呢?

开口说出自己的心情实在做不到,但是把平日的思念和感谢都托付在信里,也许是个好办法……

看着儿子一脸等待表扬的神色,我才恍然发觉,也许这是儿子对我的一种提醒吧。

36岁 · 男性

带妈妈去听音乐会

父母离去前你要做的55件事

看到报纸上登着Simon and Garfunkel来日本开演唱会的消息，马上想到要带妈妈去看。

我很小的时候，爸爸就去世了，听说他最喜欢的乐队组合就是Simon and Garfunkel。妈妈也受爸爸的影响爱上了这个组合，自从爸爸去世后，妈妈就一直听着他们的歌，怀念着与爸爸共度的青春好时光。而对我来说，那些歌曲就是我儿时的催眠曲。

妈妈在爸爸去世以后，也有伤心难过的时候，但她一直用两人喜爱的歌曲鼓励着自己。就连祝贺我就职，听的也是他们的歌。

我很早就买好了票，决定和妈妈一起去听演唱会，当天早早地就到了现场。

我和妈妈都是第一次在现场听Simon and Garfunkel的歌曲，刚刚开幕的第一首歌，妈妈就跟着用英语唱了起来。听着那么多年一直在耳边回旋的歌曲，妈妈似乎回到了过去的时代，变得年轻起来，这也许是我的错觉。

从演唱会回家的路上，我试着对妈妈说：

"爸爸的在天之灵也一定和我们一起听了这场演唱会。"

妈妈微笑着,眼里闪烁着点点泪光。

这些带着对爸爸的回忆的歌曲,与妈妈珍藏的唱片,将永远是我不可交换的宝藏。

38 岁 · 女性

带他们去迪士尼乐园

父母离去前你要做的55件事

三岁的儿子开始对迪士尼的动画有了兴趣，丈夫休息的时候，我们全家决定一起去迪士尼乐园玩，因为机会难得，还同时邀请了公公婆婆。

"我们？去迪士尼乐园？"

开始二老还有点抵触，但我的一句话起了作用。

"大介非要跟你们一起去。"

拿儿子做借口，婆婆马上就说："那就去吧。"

迪士尼的工作人员看到这对老夫妻，也热情地不停打招呼，特别是两人牵着一个三岁的小孩，凑近的人就更多了，两人对此感到特别高兴。

"你们走你们的吧，大介跟着我们就行了。"

因为婆婆这么说，我们夫妻俩也就乐得清闲。

在迪士尼乐园玩了整整一天，回家的路上，公公还真有点儿累了，在电车上和孙儿一起睡得沉沉的。逛了整整一天，还让这么大年纪的人带着孩子，可能有点过分了，我感觉有些过意不去。

第二天婆婆打来电话，我才放下心来，二老这次去迪士尼乐园可高兴了。

"下次去迪士尼乐园，一定要带上我们啊，在附近的旅馆住一晚上也行。"

"真的？那我们就马上计划了。"

不知是惊讶还是高兴，我忍不住高声叫了出来。叫上二老去迪士尼乐园，还真是个非常好的主意。

34 岁 · 女性

一起做年饭

父母离去前你要做的55件事

在我的老家，过年的时候总是要做年饭的。

记得小时候，每年妈妈都要花上两天的时间做年饭。我和妹妹上小学以后就都开始帮忙了，一直到结婚后离开娘家，每年做年饭成了惯例。

年饭中妈妈最下力气做的是爸爸最爱吃的黑豆。

一闻到煮豆子的香味，就知道快过年了。

十年前爸爸去世了，妹妹也离开了娘家，想到妈妈年底一个人在家的样子，我就不忍心。于是和丈夫商量好，从爸爸走的这一年开始，我们就接妈妈来我家一起过年。

那一年因为戴孝，年底没有做年饭。从第二年开始，家里又恢复了做年饭的习惯。我和两个女儿一起，跟着妈妈在厨房里忙活。

妈妈一边煮着黑豆，一边对我的两个女儿说："这是你们姥爷最喜欢吃的。"

看着妈妈，我觉得过年真好。

去年妈妈也去世了，女儿们都长大了，老大也结婚了。妈妈去世以前，每年都在我家过年，几年前妹妹一家也加入进来，三个时代的女人在厨房里忙着做年饭，那情景真是热闹。

"你们妈妈帮我做年饭都有半个世纪了,现在还常常煮糊呢。"我想起了妈妈对我的女儿们开着玩笑的样子。

现在,过年的时候全家也不容易聚齐,正因为如此,我更加重视过年的这一天。带着对妈妈的回忆,也为了家人,我一直都没有放弃过做年饭。

45 岁 · 女性

问问自己名字的由来 48

我的名字叫"健一"，不少人都会起类似的名字。不过一想起小时候自己在外面满世界疯跑，我就觉得这个名字特别适合我。已经 20 多年了，总是被这样叫着，虽说这个名字没有什么特别的，但我就是喜欢自己的名字。

我很想知道父母给我取这个名字的时候是怎样想的。

从字面上看，好像没有什么特别的意义。我认真地探究过自己名字的含义，不得要领，就下了一个结论：只是希望孩子健康吧。

几年前亲戚家有小孩出生，妈妈和婶婶不停地讨论着该给小孩取什么名字，我就势把自己的问题提了出来。

"妈妈，我为什么叫健一呢？"

"嗯，这个嘛……"

妈妈没说完，婶婶就接过话茬："你的名字可是很有故事呢。你出生的时候你爸爸妈妈可是高兴得不得了啊……"

据婶婶说，我出生前三年，妈妈难产，费了很大劲儿才生下一个男孩，就是我的哥哥。但是哥哥因为先天性疾病，没有出院就离开了人世。妈妈花了很长的时间才从悲痛中走出来。

妈妈从怀上我开始，直到我出生为止，每天都和爸爸一起祈祷我的平安出世。直到阵痛来临的时候，妈妈也是双手合十，祈求上天让她见到一个健康活泼的婴儿。

给我起什么样的名字，其实在我出生前就考虑过很多了。笔画啦、发音啦、含义啦，做了不少研究和准备，但在我诞生的那一刻，所有预备好的名字转眼间都无影无踪了。

妈妈说："看到你哇的一声大哭出来，我感动极了，觉得在这个世界上已经没有什么更重要的东西了，只要你健健康康的，我们就没有更多的要求了。所以我们决定给你起名叫'健一'。"

听了这个故事，我又想起不少事情。

小学的时候，我发高烧，从学校早退，妈妈本来是个从不请假的人，却从单位跑回了家。

高中得了流感住院的时候，妈妈那份担心都让我觉得是否太过分了。

我有点儿不好意思地说："我也觉得自己的名字特别好。"

"是吧？虽然平凡，却凝聚了父母所有的爱意。"妈妈笑着，眼里泛起了泪花。

父母对自己的爱,即使是平凡的名字,里面也藏着如此深厚的期盼和爱意。知道了这件事,我更加为自己的名字感到骄傲,我想我也要像自己的名字一样,永远保持健康。

而且我也想找个机会对父母说:"人生最重要的,还是健康。"

32岁·男性

和他们一起大扫除 *49*

父母离去前你要做的55件事

年底大扫除时,常常有些突发事件,很意外,但挺有意思。

几年前,我从储藏室里找出了三个大箱子,箱子盖上分别贴着一张纸,写着哥哥、我、妹妹三人的名字。在住了18年的家中,这还是头一次"与未知的过去相遇"。

试着打开哥哥的箱子,里面装的有他小学时学校和家长的通信簿、教科书,还有他写的第一篇字、作文和足球鞋等。

也许我的箱子里也是类似的东西?打开了自己的箱子,和哥哥的一样,里面装满了我小时候用过的东西。但是有些东西我自己看了也不知道是什么。

我觉得奇怪,叫来妈妈问了问,她平静地说:"只要是跟你们的成长有关的东西,我都留着呢。"

这些原来都是妈妈留作纪念的东西。妈妈从箱子里拿出一份对半折着的广告彩页,我好奇地打开看了一下,背面是用蜡笔乱涂的画,显然是幼儿画的,画的是什么完全看不出来。

"这是你画的有关妈妈的画儿。"

"就这个?这画可真烂。"

原来是我上幼儿园的时候画的妈妈的脸。

"我夸你画得好,你点点头说'嗯',一副得意的模样。"

"妈妈，你对我们可真上心。"

"是啊，可疼爱你们了，三个人都是。"

我心里顿时充满了对妈妈的感激，尽力忍住要掉下来的眼泪，说："好了，大扫除了，大扫除！"

23 岁 · 女性

为他们拍DV

父母离去前你要做的55件事

"怕面对面不好意思说,所以就拍了这段录像,在这里留下我想说的话。一直到最后,大家都尽全力照顾我,真不知道该说什么,只好谢谢你们。谢谢,真的让你们辛苦了。"

画面中父亲一脸严肃的表情,话音里带着点紧张,最后还一丝不苟地鞠着躬……

偶尔大口地呼吸一下,看得出来病情已经很严重了。没想到父亲生前居然会给我们留下DV。意外地看到画面上父亲的身姿,我任凭泪水不停地流淌下来,完全不想去擦拭。

父亲是与病魔抗争了很久才去世的。我在整理父亲遗物时,从书桌的抽屉里发现了这盘录像带,上边写着我亲启的字样。

父亲一直感到很对不住我这个女儿,到了快要结婚的年纪,却只能照看生病的他,而没有时间谈恋爱。

看到父亲完全不提自己的身体,只挂念着女儿的婚事,这和我印象里父亲的性格非常吻合。看着录像带,我悲伤不已,回忆起父亲生前的时光。

父亲强忍着痛苦,对我说一定要把他那份生命也活出来,活得更好。我心里想,这就是父亲的遗言,于是发誓今后一定要更加坚强地活下去。

　　无论有怎样的挫折，希望只要看一眼录像，就能鼓起更大的勇气。

　　"爸爸，真的非常感谢您，谢谢了。"

　　这是我早应该对父亲说的话。

28岁·女性

51 鼓励他们完成心愿

半年前，母亲即将迎来六十大寿，突然提出要去考驾照。年纪一大把，全家人都反对，认为很危险，但她决意要去，于是开始了往返于驾校的日子。

开始所有人都认为她学了一半就会放弃的，没想到，母亲的热情不但没有降温，反而一天天高涨起来。

母亲一生都在为家人忙活，从来没有为她自己提出过任何要求，看到母亲这样努力，家里人渐渐开始越来越支持她的学习。

取得驾照当天，全家人都到考场去了。我还买了一束花，送给取得了驾照的母亲，她虽然多少有些羞涩，还是笑着接了过去。

不是我夸自己的母亲，她一直努力没有放弃，最终取得了成功，这时她脸上所展现的笑容，真的是好美。

33 岁 · 男性

为他们理发

父母离去前你要做的55件事

爸爸患了呼吸系统的疾病，不停地咳嗽，不停地吐痰。他尽量不去人多的地方，甚至极少外出，心情也变得阴郁，尤其不满意他自己的发型。

妈妈买了市面上卖的理发套装，自己给爸爸理发，但毕竟没有专业人士剪得好，所以爸爸不满意自己的形象，就更加减少了外出的次数。

有一次，妈妈知道了我一直在为上小学的儿子理发，就问我能不能给爸爸剪一次头发。爸爸的发型其实跟光头相当接近，根本也不需要什么技术，但毕竟和小孩子剃光头不是一回事。

虽然我心里非常不安，但是想到能为生病的爸爸做点事，也就半推半就地答应了。

"你可别给我剃个光头啊。"

我不安的心情可能传给了爸爸，他担心地问了不少次"你真的行吗"，而我非常慎重地拿起了剪子，开始一点一点地剪了起来。

拿起一绺头发，全神贯注地剪着，就在这时突然想到我这样碰爸爸的头发，还是生平头一次。

别说头发了，好像从来都没有跟爸爸认真聊过天，爸爸长了满头白发之前，我怎么就从来没有给过他任何安慰和鼓励呢，想到这里，我心里充满了后悔。

剪完发后，爸爸看了看镜子，说了句："差不多就应该是这样吧。"看来反应还不算太糟。爸爸说以后想让我继续为他剪头发。我强忍住高兴的心情，假装不情愿地说了句："真拿您没办法。"

38 岁 · 女性

53 给孩子写下他们的名字

儿子去年刚上小学，寒假作业就是写字。他对"元旦"两个大字看似非常满意，但就是写不好自己的名字。

"爸爸，你再写给我看一次。"

挨不过儿子的请求，我只好在报纸上写了写儿子的名字。然后很自然的，在旁边也写下了我的名字和父亲的名字。一边跟儿子解说着写字的顺序，一边看着这三个并列成一排的名字，似乎感到了一家人血脉相承的联系。父亲一方面是自己的父亲，一方面也是我祖父的儿子，是我曾祖父的孙子，虽然没有见过我的祖先，但我们都是他们的子孙。

一转念，又想到很久没有写父亲的名字了。自从成人以后，填写的表格中几乎再也不用填"父母的姓名"一栏，今天这样随手写了一下，却想到该给父亲写信了。

36 岁 · 男性

54 不要高估他们的承受力

父母离去前你要做的55件事

婚礼的前一天，我住在娘家。婚姻登记其实半年前就办完了，我也早就离开家搬到了先生租的房子里。可是婚礼上还是想跟父母一起从娘家走向会场，因为这是最后一个向父母道谢的晚上。

吃完晚饭，跟父母聊着天，爸爸微醉的时候开始聊起了陈年往事。

上面的两个姐姐都已出嫁，我以为爸爸早就习惯了女儿们的离开，但看上去似乎不是那么容易。

妈妈说话的神色也跟平时不太一样。渐渐地，气氛变得有些凝重。

"爸爸，妈妈，你们抚养我长大直到今天……"

虽然我早就下定决心不要哭出来，但是说到这里，泪水像开了闸一样止不住地涌了下来，接下去的话半天没有说出来。

好不容易抬起脸，看到父母两人都抽动着肩膀，无声地哭泣着。

27 岁 · 女性

回家 55

父母離去前你要做的 55 件事

放下妈妈打来的电话，突然觉得有什么事不太对劲。究竟是什么不对劲，也说不上来，但就是觉得娘家有事。

我想了又想，终于意识到了是钟表的滴答声。妈妈每次打来电话时，都能听到墙上挂着的上弦壁钟发出的滴答声，而这次没有听到。

我们小时候，家里就挂着这个壁钟，一到12点就"当、当、当"地响12下。

父亲去世以后，我们陆续离开了家，这个壁钟一直陪伴着妈妈，数着岁月的时光。

我实在放不下心，又回拨电话给妈妈，才知道原来不是壁钟坏了，而是妈妈的胳膊抬不起来，不能给壁钟上弦了。

壁钟是记录了我家点点滴滴历史的重要物件，这么重要的壁钟，一个人住的妈妈却没有上弦。

停止的真的只有壁钟吗？

妈妈怕给我添麻烦，一直没有告诉我她不能给壁钟上弦的事。除了壁钟以外，日常生活中还不知道有多少不方便的事情！

不能让壁钟停下来,不能让妈妈一个人不方便。从此无论有没有什么特别的理由,我都要常回家看看。

38 岁 · 女性

北京市版权局著作权合同登记图字：01-2010-6735
图书在版编目（CIP）数据

父母离去前你要做的55件事／（日）尽孝执行委员会编著；朱波译. —北京：北京大学出版社，2011.6

ISBN 978-7-301-18752-4

Ⅰ. 父… Ⅱ. ①尽… ②朱… Ⅲ. 孝－通俗读物 Ⅳ. B823.1-49

中国版本图书馆CIP数据核字（2011）第057964号

OYA GA SHINUMADE NI SITAI 55 NO KOTO by OYAKOKOJIKKOIINKAI
Copyright © 2010 by Earth Star Entertainment Co., Ltd.
All Rights Reserved.
Original Japanese edition published in 2010 by Earth Star Entertainment Co., Ltd.
Chinese translation rights arranged with Earth Star Entertainment Co., Ltd.
through EYA Beijing Representative Office
Simplified Chinese translation rights © 2011 by Peking University Press

书　　　　名：	父母离去前你要做的55件事
著作责任者：	[日]尽孝执行委员会　编著　朱波　译
责 任 编 辑：	玉晶莹
标 准 书 号：	ISBN 978-7-301-18752-4／G·3103
出 版 发 行：	北京大学出版社
地　　　　址：	北京市海淀区成府路205号　100871
网　　　　址：	http://www.pup.cn
电　　　　话：	邮购部 62752015　　发行部 62750672
	编辑部 82893506　　出版部 62754962
电 子 邮 箱：	tbcbooks@vip.163.com
印　刷　者：	中国电影出版社印刷厂
经　销　者：	新华书店
	880毫米×1230毫米　32开本　6.25印张　92千字
	2011年6月第1版第1次印刷
定　　　　价：	28.00元

未经许可，不得以任何方式复制或抄袭本书之部分或全部内容。
版权所有，侵权必究
举报电话：010-62752024；电子邮箱：fd@pup.pku.edu.cn

出版三个月，日本狂销10万册

感人至深的**孝亲**之作，为人子女者不可错过

《让父母健康长寿的31件事》

父母的健康长寿是对子女最大的奖赏

日本著名医学专家告诉我们——31种让父母健康而又不太费事儿的方法

好好地爱父母，让父母生活得更好些，更健康些，对子女来说，不就是最快乐的事么？

ISBN：978-7-301-18751-7

作者：[日] 米山公启 著　　肖放 译

定价：22元

版别：北京大学出版社

被父母**爱**是我们的**福气**，

会**爱**父母更是我们的**福气**